한 달 -5kg! 맛있는 채소 다이어트

한입에
베지누들

무라야마 유키코

수작 결다

베지누들로 다이어트

오늘은 채소로 무슨 요리를 해볼까? 채소를 보면 절로 요리가 하고
싶어집니다. 채소 본연의 맛과 식감이 각각 살도록 가능한 심플하게
조리하려는 게 채소 요리에 대한 나만의 철학입니다. 그에 딱 맞는 것이
채소면, 베지누들입니다. 채소를 면 모양으로 만드는 과정만으로도
채소요리의 즐거움을 느낄 수 있습니다.

채소로 면을 만들어 먹기로 작정하고 처음 한 달간은 싫증이 나면
어쩌지 하는 걱정이 앞섰습니다. 하지만 막상 도전해보니 전혀 그렇지
않았지요. 오히려 매일매일 채소 중심의 건강한 식생활을 하게
되었습니다. 저의 매일 베지누들 시식에 동참해준 남편의 몸무게는 한
달 사이에 무려 5kg이 감량되었습니다. 특별히 다이어트를 염두에 두지
않고 그저 베지누들로 식사를 했을 뿐이기에 저 역시 놀라웠습니다.

즐겁게 만들고 맛있게 먹기, 그리고 다이어트라는 포상까지! 모두
베지누들이 주는 행복입니다. 그 행복을 여러분과 함께 나누고
싶습니다.

무라야마 유키코

Contents

INFORMATION :
WHAT IS THE VEGE NOODLES?

1 ›› 시작하기 전에 알아둘 것

2 ›› 베지누들을 만들 때 편리한 도구

3 ›› 간단 베지누들 활용 노하우

4 ›› 있으면 편리한 소스 · 육수 · 된장

PART 1
WESTERN STYLE
서양식 누들

24 당근나폴리탄 by 당근면
　　응용▷ **감자나폴리탄** by 감자면

26 연어크림소스당근파스타 by 당근면
　　응용▷ **연어크림소스아스파라거스파스타** by 아스파라거스면

28 당근&오렌지냉채 by 당근면

30 새송이버섯페페론치노 by 새송이버섯면
　　응용▷ **감자페페론치노** by 감자면

32 새송이버섯라자냐 by 새송이버섯면

34 아스파라거스카르보나라 by 아스파라거스면

35 버섯크림소스아스파라거스파스타 by 아스파라거스면

38 우엉아라비아따 by 우엉면
　　응용▷ **샐러리아라비아따** by 샐러리면

40 주키니허브파스타 by 주키니면

41 무&가라스미냉채 by 무&수박무면

44 앤초비소스연근뇨끼 by 연근면
　　응용▷ **그린허브소스연근뇨끼** by 연근면

46 바지락&대구국물파스타 by 감자면
　　응용▷ **국수호박국물파스타** by 국수호박면

48 콜리플라워리소토 by 콜리플라워면

PART 2

JAPAN
STYLE

일본식 누들

52 참깨소스우엉&당근샐러드 by 우엉&당근면

응용▷ **참깨소스수송나물** by 수송나물면

54 호두참깨소스사과&엔다이브샐러드 by 사과&엔다이브면

56 끈끈면 by 참마면

57 오이면자루소바 by 오이면

58 일본식된장마국수 by 마면

59 무우동 by 무면

61 두부양념당근국수 by 당근면

버섯양념감자국수 by 감자면

새우양념양파국수 by 양파면

66 채소국수샤브샤브 by 당근&무&우엉&홍순무면

68 그린파파야참푸르 by 그린파파야면

PART 3
CHINESS & ETHNIC STYLE
중화&에스닉식 누들

72 아삭아삭감자샐러드 by 감자면

74 베트남식샐러드누들 by 수박무면

75 감자카오소이 by 감자면

78 베트남식무국수 by 무면

79 재첩그린파파야국수 by 그린파파야면

82 닭고기&참깨배추라면 by 배추면

83 찌개배추국수 by 배추면

86 콩나물팟타이 by 콩나물면

87 고기된장을 올린 오이누들 by 오이면

○ 계량 단위는 1큰술=15ml, 1작은술=5ml입니다.
○ 올리브오일은 모두 엑스트라버진 올리브오일을 사용하고 있습니다.
○ 소금의 종류에 따라 맛이 달라지므로 반드시 맛을 봐가며 양을 조절하세요.
○ 이 책은 치료를 목적으로 하는 의학적인 레시피가 아닙니다.
　 자각증상이 있는 사람은 전문기관의 상담을 받으세요.

VEGE NOODLES
SIDE DISH

베지누들 반찬

92 당근&망고샐러드 by 당근면

93 순무&사과샐러드 by 홍순무면

94 주키니롤 by 주키니면

95 바삭바삭채소면샐러드 by 당근&우엉면

96 월남쌈부케 by 오이&땅콩호박&홍순무면

98 감자스페니시오믈렛 by 감자면

100 베지누들베이글샌드 by 적양파&오이면

102 주키니&연어타르타르 by 주키니면

104 채소테린 by 적채&양배추면

106 대파부침개 by 대파면

107 발사믹우엉볶음 by 우엉면

110 가다랑어카르파치오 by 수박무면

111 오이&붕장어플레이트 by 오이&수박무면

114 컬러풀타코 by 오이&적당근&레디쉬면

118 고구마갈레트 by 고구마&자색고구마면

119 알록달록유부초밥 by 당근&오이면

INFORMATION :

WHAT IS THE VEGE NOODLES?

1 ›› 시작하기 전에 알아둘 것

2 ›› 베지누들을 만들 때 편리한 도구

3 ›› 간단 베지누들 활용 노하우

4 ›› 있으면 편리한 소스·육수·된장

VEGETABLE NOODLES이란?

채소면은 채소를 면 모양으로 자른 초건강 누들을 말합니다. 글루텐 프리로 저칼로리&저당질은 물론 식이섬유 함유량도 높지요. 자르는 방법과 조리법에 따라 식감도 다양해 매일 먹어도 질리지 않습니다. 컬러풀한 비주얼과 단시간에 조리가 가능한 것도 채소면의 장점입니다.

VEGETABLE
NOODLES

Spaghetti

일반면(스파게티) 150g

248kcal 당질 **45.4**g

Vegetable Noodles

채소면(당근) 150g

54kcal 당질 **9.5**g

1 시작하기 전에 알아둘 것
WHAT IS THE VEGE NOODLES?

채소는 전용커터나 필러, 칼 등의 도구를 사용해 면으로 만들 수 있습니다.
이때 채소의 모양이나 크기, 성질을 고려해야 합니다.

면이 너무 길 경우

전용커터로 면 모양을 만들 때 너무 길게 잘라진 채
소는 조리용 가위로 먹기 좋게 잘라 사용한다.

미끌거리는 채소의 경우

전용커터로 마를 면 모양으로 만들 때는 손으로 잡
는 부위의 껍질은 그대로 남겨둔다.

칼이 더 편리한 경우

칼은 채썰기 외에도 콜리플라워처럼 송이송이를
뗄 경우 사용한다.

곱게 채썰 경우

슬라이서로 얇게 썬 후 차곡차곡 겹쳐 칼로 채썰면
곱게 썰 수 있다.

가늘고 긴 채소의 경우

긴 모양의 채소는 도마에 올려 필러로 깎으면 편리
하다.

채소를 사용한 후

전용커터를 사용하면 채소의 남은 부분이 생기게
된다. 된장국이나 카레 재료로 사용한다.

2 베지누들을 만들 때 편리한 도구

필러, 칼, 슬라이서, 강판 등 집에 있는 간단한 조리도구로도 채소를 면 모양으로
만들 수 있습니다. 채소용 전용커터가 있다면 좀 더 손쉽게 만들 수 있지요.
책에서 사용하고 있는 도구를 소개합니다.

전용커터 Ⓐ 가는 면 베이직

오이, 주키니, 당근, 감자 등.

전용커터 Ⓐ 굵은 면 베이직

전용커터 Ⓑ OXO 베지누들커터

감자, 무, 마, 고구마 등.

칼

엔다이브, 콜리플라워,
사과, 배추 심 등.

전용커터 ⓒ 회전 채소 슬라이서

무, 순무 등.

슬라이서 + 칼

당근, 오이 등.

필러

아스파라거스, 당근, 오이, 무 등.

슬라이서
양파, 새송이버섯,
주키니, 오이 등.

강판
그린파파야 등.

톱니필러 + 칼

우엉, 아스파라거스 등.

손

새송이버섯, 숙주,
국수호박 등.

강판

연근 등.

무를 채썰어 말린 무말랭이는 베지누들로 간편하게 이용할 수 있습니다. 물에 충분히 불렸다가 물기를 제거해 사용하세요.

무말랭이를 사용

3

WHAT IS THE VEGE NOODLES?

간단 베지누들
활용 노하우:
무말랭이 VS 실곤약

카레볶음면 —— 1인분

당근 20g은 곱게 채썰고 삼겹살 30g은 먹기 좋은 크기로 썬다. 부추 2줄기는 3cm 길이로 자른다. 팬에 참기름 1작은술을 넣고 달구어 약한 불에서 삼겹살을 갈색이 나도록 굽는다. 당근, 무말랭이 70g, 부추를 더해 1분 정도 볶다가 볶음면 소스 2큰술과 카레가루 1작은술을 넣어 전체가 잘 버무려지도록 볶는다. 접시에 담고 파래가루를 뿌린다.

참치샐러드면 —— 1인분

볼에 무말랭이 70g, 기름기를 뺀 통조림 참치 25g, 폰즈간장 1과1/2큰술, 올리브오일 1작은술, 딜 1줄기분을 넣어 섞은 후 접시에 담는다.

땅콩&초피면 —— 1인분

볼에 고추기름 1~2작은술과 식초 1작은술을 넣어 섞는다. 무말랭이 70g, 땅콩 5g(7~8알)을 넣고 골고루 섞는다. 접시에 담은 후 초피가루 약간과 실고추 약간을 뿌린다.

일본풍매실면 —— 1인분

매실과육 1큰술과 참기름 2작은술을 섞고, 차조기 1장을 채썬다(**A**). 볼에 무말랭이 70g과 물에 불렸다가 물기를 뺀 톳 20g, **A**를 넣어 살짝 버무린다.

곤약 종류 중 하나인 저칼로리의 실곤약도 베지누들에 속합니다. 면 모양이라 그대로 사용하기 편하지요. 한 번 데쳐 먹기 좋은 크기로 자른 후 물기를 제거해 사용하세요.

실곤약을 사용

잔멸치&만가닥버섯파스타 —— 1인분

팬에 올리브오일 2작은술과 가닥가닥 가른 만가닥버섯 30g을 넣고 중간 불로 볶는다. 간 마늘 약간, 잔멸치 2큰술, 실곤약 200g을 넣고 잘 섞이게 볶다가 불을 끄고 유자후춧가루 1/2~1작은술과 국간장 1작은술을 넣어 버무린다.

연어술지게미 —— 1인분

생연어 70g은 한입크기로, 미나리 1줄기는 2cm 길이로 자른다. 냄비에 술지게미 40g과 육수(P20 참조) 300ml을 넣고 거품기로 풀어가며 끓인다. 끓어오르면 실곤약 90g과 생연어를 넣어 끓이다 연어가 익으면 국간장 1큰술과 된장 2작은술로 간한다. 불을 끈 후 미나리를 넣는다.

고기된장양념을 올린 실곤약 —— 1인분

오이 1/2개는 얇고 동그랗게 썰고 소금 약간을 뿌려 절인 후 물기를 꼭 짠다(**A**). 팬에 참기름 1/2작은술을 두르고 실곤약 200g을 넣어 중간 불에서 3분 정도 볶아 접시에 담는다. **A**와 고기된장양념(P20 참조) 70g을 올려낸다.

여주&돼지고기에스닉면 —— 1인분

여주 40g은 세로로 반 잘라 스푼으로 씨를 도려낸 후 얇게 썰고, 삼겹살 30g은 2cm 폭으로 썬다. 청주 1작은술, 간장 2작은술, 굴소스 2작은술을 합친다(**A**). 팬에 유채유 1작은술을 둘러 달구어 삼겹살을 굽는다. 삼겹살에 구운 색이 들면 채썬 생강 1/2톨분, 여주, 실곤약 150g, 동그랗게 썬 홍피망 1/4개분 순서로 넣어 볶는다. **A**를 넣고 전체가 골고루 버무려지도록 볶는다.

4 있으면 편리한 소스·육수·된장

WHAT IS THE VEGE NOODLES?

베지누들에는 맛이 담백해 살짝 진한 소스가
잘 어울립니다. 소스나 육수가 있으면 언제든
간편하게 요리를 만들 수 있지요. 미리 만들어두고
활용해보세요.

그린허브소스 —— 200ml

푸드프로세서나 믹서에 바질 20~30장, 처빌 15줄기분,
딜 15줄기분, 올리브오일 150ml, 마늘 1톨, 소금
1/2작은술을 넣고 갈아 걸쭉한 소스 상태를 만든다.

○ 잘 갈리지 않으면 올리브오일의 양을 조금 늘린다.
저장용기에 넣고 냉장고에서 2주간 보관가능하다.

앤초비소스 —— 120ml

냄비에 마늘 40g(5~6톨)을 넣고 우유를
자작하게 부어 약한 불로 15분 정도 끓인
후 체에 거른다. 걸러낸 마늘은 작은 냄비에
담고 앤초비 50g과 올리브오일 50ml를
넣어 약한 불로 가열하다가 보글보글 끓으면
불을 끄고 식힌다. 버터 15g을 함께 넣고
믹서에 간다.

○ 저장용기에 넣어 냉장고에서 2주간
보관가능하다.

육수 —— 480ml

병 등에 멸치 20g(10~15마리)와
다시마(사방 4cm 크기)
1장을 넣고 물 500ml을 부어
냉장고에서 하룻밤 둔 후 체에
내린다.

○ 3일 이내 사용한다.

고기된장 —— 300ml

대파 1/2대를 다져 맛술 2큰술, 된장 1큰술, 춘장 2큰술, 간장
1작은술과 섞는다(A). 팬에 참기름 1큰술, 홍고추 슬라이스 약간,
대파를 넣고 중간 불로 1분간 볶다가 돼지고기 다짐육 200g을
넣고 익을 때까지 볶는다. 간 마늘 1/2작은술과 간 생강 1작은술을
더해 1분간 볶고 A를 넣어 전체가 잘 섞이도록 볶는다. 취향에
따라 초피가루를 약간 넣는다.

○ 보관용기에 넣어 냉장고에서 일주일간 보관가능하다.

VEGE
NOODLES

WESTERN STYLE

PART 1

서양식 누들

채소로 면 모양을 내어 파스타 요리를 만들어보세요.
금세 건강한 파스타가 완성됩니다. 진한 맛의 소스가
채소면 파스타를 맛있게 만드는 비결입니다.

Carrot Napolitain
당근나폴리탄

당근면은 너무 볶으면 아삭한 식감이 사라지므로 주의합니다.
당근의 숨이 죽으면 바로 불을 끄세요.

〔 재료 1인분 〕

당근 —— 150g(약 1개분)
○ 전용커터 Ⓐ로 만든 가는 면(P14 참조)
아라비키 소시지 —— 2개(60g)
○ 아라비키 소시지: 식감이 살도록
　고기를 굵게 갈아 만든 소시지
양파 —— 50g(약 1/4개)
피망 —— 1개
올리브오일 —— 1작은술
토마토케첩 —— 2큰술
후춧가루 —— 약간
강판에 간 파르미지아노 레지아노
　—— 적당량

1 소시지는 5mm 폭으로 동그랗게 썰고 양파는
결에 따라 2mm 폭으로 얇게 자른다. 피망은 씨와
꼭지를 제거하여 둥근모양대로 5mm 폭으로 썬다.

2 팬에 올리브오일과 소시지를 넣고 중간 불에서
색이 나도록 볶다가 전용커터로 얇게 뽑은
당근면과 준비한 양파를 넣어 다시 2~3분 볶는다.
피망과 토마토케첩을 넣고 전체를 골고루 섞어
볶은 후 불을 끈다.

3 접시에 담고 후춧가루와 파르미지아노 레지아노를
뿌린다.

Arrange
감자나폴리탄

당근나폴리탄 만드는 법에서 ❷의 당근 150g을 감자
150g(약 1개)으로 바꿔 요리한다. 감자는 전용커터 Ⓐ로
가는 면을 만들어(P14 참조) 소금을 넣은 끓는 물에 살짝
데쳤다가 물기를 제거해 사용한다.

Carrot Noodles with Salmon Cream Sauce
연어크림소스당근파스타

진한 맛의 크림으로 볼륨 업!
연어의 짭짜름한 정도에 따라 간을 조절하는 게 맛의 포인트입니다.

〔 재료 1인분 〕

당근 —— 150g(약 1개분)
○ 전용커터 ⒜로 만든 가는 면(P14 참조)
생연어 또는 절인 연어 —— 50g
소금·후춧가루 —— 약간씩
버터 —— 1/2작은술
화이트와인 또는 요리술 —— 2작은술
생크림 —— 70ml
강판에 간 파르미지아노 레지아노
—— 1큰술
딜 —— 3줄기분

1 전용커터로 굵게 뽑은 당근면은 소금(분량외)을
적당히 넣은 끓는 물에 살짝 데쳐 물기를 완전히
제거한다. 생연어는 한입크기로 자르고 소금,
후춧가루로 밑간한다(절인 연어는 후춧가루만 뿌린다).

2 팬에 버터를 넣어 녹인다. 버터가 녹으면 밑간한
연어를 올려 표면에 구운 색이 들 때까지 중간
불로 1~2분 굽는다.

3 화이트와인을 뿌리고 생크림과 파르미지아노
레지아노를 넣어 걸쭉해질 때까지 졸인다. 불을
끄고 소금(분량외)으로 간한다.

4 접시에 당근면을 담고 ❸을 얹은 후 딜을 뿌린다.

Arrange
연어크림소스아스파라거스파스타

연어크림소스당근파스타 만드는 법에서 ❶의 당근
150g을 아스파라거스 150g(7~8개)으로 바꿔 요리한다.
아스파라거스는 필러(P15 참조)로 얇게 슬라이스하여 면
상태로 만든 뒤 소금을 넣은 끓는 물에 살짝 데쳐 물기를
제거하여 요리한다.

Carrot Noodles with Orange
당근&오렌지냉채

갓 만들었을 때의 식감이 놀랄 정도로 좋아요.
마리네이드한 것처럼 부드럽게 즐기고 싶다면 하룻밤만 두었다 맛보세요.

〔 재료 1인분 〕

A | 당근 —— 150g(약 1개분)
　　◯ 전용커터 ⑧로 만든 가는 면(P14 참조)
　 오렌지 —— 1개
　 소금 —— 약간
　 화이트와인비네거 —— 1큰술
구운 잣 —— 10g
올리브오일 —— 1큰술
처빌 —— 3줄기분

1 오렌지는 껍질을 벗기고 세로로 4등분한 후 5mm
두께의 부채꼴 모양으로 슬라이스한다. 볼에 Ⓐ를
넣고 살짝 버무려 잣과 올리브오일을 넣고 섞는다.

2 접시에 담고 처빌로 장식한다.

Memo

당근에 함유된 식이섬유는 장운동을 도와 변비해소에 효
과적이다. 다이어트 식재료로도 훌륭하다.

Eryngii Mushroom Peperoncino
새송이버섯페페론치노

새송이버섯은 같은 굵기로 가늘게 찢어주세요.
식감이 일정해져 맛이 더욱 좋아집니다.

〔 재료 1인분 〕

새송이버섯 —— 180g(大 3개)
○ 손으로 가늘게 찢은 면(P17 참조)
마늘 —— 1톨
베이컨 —— 40g
이탈리안 파슬리 —— 3줄기분
건고추 슬라이스 —— 약간
올리브오일 —— 1과1/2큰술
소금 —— 1/4작은술

1 마늘은 얇게 썰고 베이컨은 1cm 폭으로 자른다.
  이탈리안 파슬리는 다진다.

2 팬에 편썬 마늘과 건고추 슬라이스, 올리브오일을
  넣고 약한 불로 볶다가 마늘향이 나고 옅은 갈색이
  들면 베이컨을 넣어 바삭해질 때까지 중간 불로
  볶는다. 손으로 가늘게 찢은 새송이버섯면을 넣고
  살짝 볶은 후 소금을 뿌린다.

3 이탈리안 파슬리를 섞어 접시에 담는다.

Arrange
감자페페론치노

새송이버섯페페론치노 만드는 법에서 ❷의 새송이버섯
180g을 감자 150g(약 1개)으로 바꿔 요리한다. 감자를
전용커터 Ⓐ로 가는 면을 만들어(P14 참조) 소금을 넣은
끓는 물에 살짝 데쳐 물기를 제거해 사용한다.

Eryngii Mushroom Lasagna
새송이버섯라자냐

쫄깃하고 부드러운 새송이버섯의 식감이 마치 수타 파스타면을 맛보는 기분입니다.
새송이버섯면을 촘촘히 깔아 높이를 맞춰주세요.

〔 재료 15cm 내열용기 1개분 〕

새송이버섯 —— 140g(大 2~3개)
◎ 칼 또는 슬라이서로 세로로
　슬라이스한 면(P17 참조)

볼로네제

양파 —— 50g(약 1/4개)
당근 —— 30g
샐러리 —— 30g
다진 마늘 —— 1톨분
올리브오일 —— 1큰술
소고기 다짐육 —— 200g
레드와인 —— 50ml
토마토 퓨레 —— 150g
소금 —— 1작은술
후춧가루 —— 약간
월계수 —— 1장
간장 —— 1작은술

버터 —— 적당량
강판에 간 파르미지아노 레지아노
　　 —— 4큰술
피자치즈 —— 60g

1 볼로네제를 만든다. 양파, 당근, 샐러리를 다진다.

2 작은 냄비에 올리브오일과 다진 마늘을 넣어 약한
불로 볶다가 마늘향이 나면 다진 양파와 당근,
샐러리를 넣고 15분간 뭉근하게 볶는다. 채소가
부드러워지면 소고기 다짐육을 넣어 볶는다.
소고기가 익기 시작하면 레드와인을 부어 2분
정도 끓이다가 토마토 퓨레, 소금, 후춧가루,
월계수를 넣고 뚜껑을 덮는다. 15분 정도 졸여
간장으로 간한다.

3 내열용기 안에 버터를 바르고 슬라이스한
새송이버섯면의 1/4을 깔고 ❷의 1/4을 올리고
파르미지아노 레지아노를 올린다. 이 과정을 4번
반복해 겹겹이 쌓는다(사진).

4 맨 위에 피자치즈를 올리고 230℃로 예열한
오븐에서 구운 색이 나도록 20분 정도 굽는다.

Mema

새송이버섯면은 100g당 24kcal로 칼로리가 낮고 불용성
식이섬유 함유량이 높다. 식이섬유가 수분을 흡수하여 포
만감이 느껴지므로 과식 방지에도 효과적이다.

Asparagus Foodies Carbonara
아스파라거스카르보나라

Asparagus with Mushroom Cream Sauce
버섯크림소스아스파라거스파스타

Asparagus Noodles Carbonara
아스파라거스카르보나라

아스파라거스를 페투치네처럼 활용해 만든 요리입니다.
크림에 버무린 아스파라거스를 양껏 먹을 수 있어요.

〔 재료 1인분 〕

아스파라거스 —— 150g(7~8개)
◎ 필러로 얇게 슬라이스한 면(P15 참조)
베이컨 —— 30g
달걀노른자 —— 1개분
생크림 —— 50ml
우유 —— 1큰술
강판에 간 파르미지아노 레지아노
　　—— 1큰술
올리브오일 —— 1/2작은술
간 마늘 —— 약간
후춧가루 —— 약간

1 필러로 얇게 만든 아스파라거스면은 소금(분량
외)을 적당히 넣은 끓는 물에 살짝 데쳐 물기를
제거한다. 베이컨은 1cm 폭으로 자른다.

2 볼에 달걀노른자, 생크림, 우유, 파르미지아노
레지아노를 넣어 골고루 섞는다.

3 팬에 올리브오일과 베이컨을 넣고 약한 불로
볶다가 베이컨이 바삭해지면 간 마늘을 넣고 불을
끈다. ❷를 넣고 남은 열로 걸쭉해질 때까지 섞은
후(사진) 아스파라거스면을 넣어 살짝 버무린다.
◎ 남은 열이 부족해 걸쭉해지지 않으면 약한 불에서
약간만 데운다. 너무 끓이면 소소가 퍽퍽해지므로
주의한다.

4 접시에 담고 후춧가루를 뿌린다.

Memo

아스파라거스에 함유된 루틴 성분이 혈액의 흐름을 도와 냉
증을 개선시켜준다. 피부의 신진대사를 높여 보습에도 도움
을 준다.

Asparagus with Mushroom Cream Sauce
버섯크림소스아스파라거스파스타

아스파라거스를 펜네 모양으로 변신시켰습니다.
울퉁불퉁한 표면 사이로 크림이 잘 버무러져요.

〔 재료 1인분 〕

아스파라거스 ── 150g(7~8개)
◯ 톱니필러와 칼로 만든
　 펜네 모양의 면(P17 참조)
버터 ── 5g
다진 마늘 ── 1/2톨분
양송이버섯 ── 2개
만가닥버섯 ── 30g
생크림 ── 100ml
강판에 간 파르미지아노 레지아노
　　 ── 1큰술
소금 ── 1/4작은술
후춧가루 ── 약간

1 아스파라거스는 겉면을 톱니필러로 깎은 후 3cm
길이로 어슷하게 잘라 면을 만든다. 소금(분량 외)을
적당히 넣은 끓는 물에 살짝 데쳐 물기를 제거한다.
양송이버섯은 세로로 4등분하고 만가닥버섯은
밑동을 잘라 손으로 가른다.

2 팬에 버터와 다진 마늘을 넣어 약한 불로 볶아
마늘향이 나면 양송이버섯과 만가닥버섯을 넣어
볶는다. 생크림, 파르미지아노 레지아노, 소금,
후춧가루를 넣어 걸쭉해질 때까지 졸인다(사진).

3 접시에 아스파라거스면을 담고 ❷를 얹는다.

Burdock Arrabiata
우엉아라비아따

우엉도 펜네 모양으로 손쉽게 변신시킬 수 있습니다.
식이섬유가 풍부한 우엉면은 체내 독소배출에도 탁월해요.

〔 재료 1인분 〕

우엉 —— 150g(약 1개)
◎ 톱니필러와 칼로 만든
　 팬네 모양의 면(P17 참조)

아라비아따소스
올리브오일 —— 1/2큰술
다진 마늘 —— 1/4톨분
건고추 슬라이스 —— 약간
통조림 토마토홀 —— 1/2캔(200g)
소금 —— 1/4작은술

강판에 간 파르미지아노 레지아노
　 —— 취향껏

1 우엉은 톱니필러로 껍질을 벗겨 4cm 길이로
어슷썰어 면을 만든다. 소금(분량 외)을 적당히
넣은 끓는 물에 부드러워질 때까지 삶아 물기를
제거한다.

2 아라비아따소스를 만든다. 작은 냄비에
올리브오일, 다진 마늘, 건고추를 넣어 약한 불로
볶다가 마늘향이 나기 시작하면 토마토홀과
소금을 넣고 토마토를 으깨면서 20분 정도 끓인다.

3 ❷에 우엉면을 넣고 5분 정도 졸인다.

4 접시에 담고 파르미지아노 레지아노를 뿌린다.

Arrange

샐러리아라비아따

우엉아라비아따 만드는 법에서 ❶의 우엉 150g을 샐러리
150g(약 1과1/2개)으로 바꿔 요리한다. 샐러리는 필러로
세로로 얇게 잘라 약간의 올리브오일로 버무린다. 만드는
법 ❷는 같고 ❸은 생략한다. 만드는 법 ❹에서 샐러리를
접시에 담은 후 ❷의 아라비아따소스를 얹는다.

Zucchini Noodles with Green Herb Sauce
주키니허브파스타

Zucchini Noodles with Green Herb Sauce
주키니허브파스타

진한 소스와 주키니를 버무려 파스타처럼 만들었어요. 주키니는 살짝만 익혀야 먹기 좋습니다.
노란색 주키니가 없다면 초록색 주키니를 150g으로 늘려주세요.

〔 재료 1인분 〕

주키니(초록색·노란색) —— 75g씩(小 1개씩)
○ 전용커터 Ⓐ로 만든 굵은 면(P14 참조)
소금 —— 약간
멸치·청어·은어 등의 치어 —— 30g
씨 없는 그린올리브 —— 5개
그린허브소스(P20 참조) —— 2큰술
올리브오일 —— 적당량

1 전용커터로 굵게 뽑은 주키니면은 소금을 뿌려
살짝 버무린 후 3분 정도 두어 수분이 나오면
종이타월로 물기를 닦는다(사진). 올리브는
동그랗게 썬다.

2 볼에 주키니면, 치어, 올리브 슬라이스,
그린허브소스를 넣어 골고루 버무린다.

3 접시에 담고 올리브오일을 뿌린다.

Memo

주키니에 함유된 베타카로틴 성분이 피부를 건강하게
만들어준다. 비타민C도 풍부해 주름과 검버섯을 개선
해준다.

Radish Noodles with Botargo
무&가라스미냉채

심플한 무의 감칠맛을 충분히 느낄 수 있는 냉채요리입니다.
두 종류의 무를 이용해 보기에도 좋고 식욕도 살아나지요.
수박무가 없다면 무를 150g으로 늘려주세요.

〔재료 1인분〕

무·수박무 —— 75g씩(8~10cm·약 1/3개)
○ 전용커터 ⑧로 만든 가늘게 채썬 면(P14 참조)
소금 —— 약간
가라스미 —— 15g
○ 가라스미(말린 숭어알)가 없을 경우 명란이나
　통조림 성게알로 사용해도 좋다.
올리브오일 —— 1큰술

1　두 종류의 무는 모두 전용커터로 가늘게 채썰어
　　접시에 담고 소금을 뿌린다(사진).

2　가라스미를 치즈 강판으로 갈아 ❶에 뿌리고
　　올리브오일을 두른다.

Memo

중국 채소의 일종인 수박무는 크기가 작고 둥근데 자
르면 속이 선명한 선홍색을 띈다. 홍심무로도 불리며
보통의 무보다 수분이 적고 은은한 단맛과 씁쓸한 맛
이 난다.

Lotus Root Gnocchi with Anchovy Sauce
앤초비소스연근뇨끼

연근을 갈아 둥글게 빚어서 뇨끼를 만들었습니다.
쫄깃한 식감이 맛의 포인트지요. 녹말가루는 연근의 수분 양에 따라 조절하세요.

〔 재료 1인분 〕

연근 —— 300g(약 2마디)
○ 강판에 간 것(P17 참조)
녹말가루 —— 30~60g
소금 —— 1/2작은술
다진 로즈마리 —— 약간
튀김유 —— 적당량
앤초비소스(P20 참조) —— 3큰술

1 볼에 강판에 간 연근과 녹말가루, 소금, 다진
로즈마리를 넣어 골고루 섞는다.
　　○ 스푼으로 한 덩어리를 뜰 수 있을 정도의 농도가 되도록
녹말가루의 양을 조절한다.

2 팬에 튀김유를 넣고 180℃로 달군 후 **❶**을
스푼으로 떠 넣어 색이 날 때까지 3분 정도 튀긴
다음 기름기를 제거한다.

3 접시에 담고 앤초비소스를 뿌린다.

Arrange
그린허브소스연근뇨끼

앤초비소스연근뇨끼 만드는 법과 같다. 앤초비소스
3큰술을 그린허브소스(P20 참조) 3큰술로 바꾼다.

Clam & Cod Soup Pasta
바지락&대구국물파스타

면으로 뽑은 감자를 살짝만 익혀 식감을 살리는 게 포인트입니다.
잘 뭉그러지지 않는 단단한 타입의 감자를 사용하세요.

〔재료 1인분〕

감자 —— 150g(약 1개)
○ 전용커터 ⑧로 만든 면(P14 참조)
절인 대구 —— 70g
바지락 —— 80g
간 마늘 —— 약간
다진 양파 —— 20g
올리브오일 —— 1작은술
화이트와인 또는 요리술 —— 1큰술
물 —— 300ml
타임 —— 약간
소금 —— 1/2작은술
후춧가루 —— 약간

1 절인 대구는 먹기 쉬운 크기로 자른다.

2 작은 냄비에 올리브오일과 다진 양파를 넣고
약한 불로 볶다가 양파가 투명해지면 간 마늘과
바지락을 넣어 살짝 볶는다.

3 화이트와인을 넣고 1분 정도 끓여 알코올을 날린
뒤 물, 타임, 소금, 후춧가루를 넣는다.

4 바지락 껍데기가 벌어지면 ❶과 전용커터로 뽑은
감자면을 넣는다. 대구가 익으면 불을 끄고 접시에
담는다.

Arrange

국수호박국물파스타

바지락&대구국물파스타 만드는 법에서 감자 150g을
국수호박 150g(약 1개분)으로 바꿔 요리한다. 국수호박은
양 가장자리를 잘라내고 껍질째 5cm 두께로 동그랗게
썰어 씨와 속을 제거한다. 끓는 물에 10~15분 삶아
찬물에 헹군 후 부드럽게 으깨 체에 걸러 물기를 제거해
사용한다.

Cauliflower Risotto

콜리플라워리소토

콜리플라워를 으깨 알갱이로 만들어 요리합니다.
입안에 콜리플라워의 풍미가 가득 퍼져요.

〔 재료 1인분 〕

콜리플라워 —— 150g(약 1/3송이)
○ 칼로 작은 송이를 떼어낸 것(P14 참조)

치킨스톡 —— 200ml
○ 과립 치킨스톡 2작은술을 뜨거운 물
   200ml에 녹인다.

소금 —— 약간

강판에 간 파르미지아노 레지아노
   —— 1큰술

카레가루 —— 약간

올리브오일 —— 1~2작은술

1 작은 냄비에 칼로 떼어낸 콜리플라워 송이와
치킨스톡, 소금을 넣고 뚜껑을 덮어 콜리플라워가
부드러워질 때까지 약한 불로 20분 정도 끓인다.
뚜껑을 열어 고무주걱으로 콜리플라워를
곱게 으깨고(사진), 수분이 날아가 걸쭉해지면
파르미지아노 레지아노를 넣고 불을 끈다.

2 접시에 담고 카레가루를 뿌린 후 올리브오일을
두른다.

Memo

꽃양배추라고도 불리는 콜리플라워는 비타민C가 풍
부해 피부보호와 감기예방에 뛰어나다. 칼슘과 엽산
도 있어 부종해소와 빈혈예방에도 좋다.

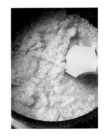

JAPAN
STYLE

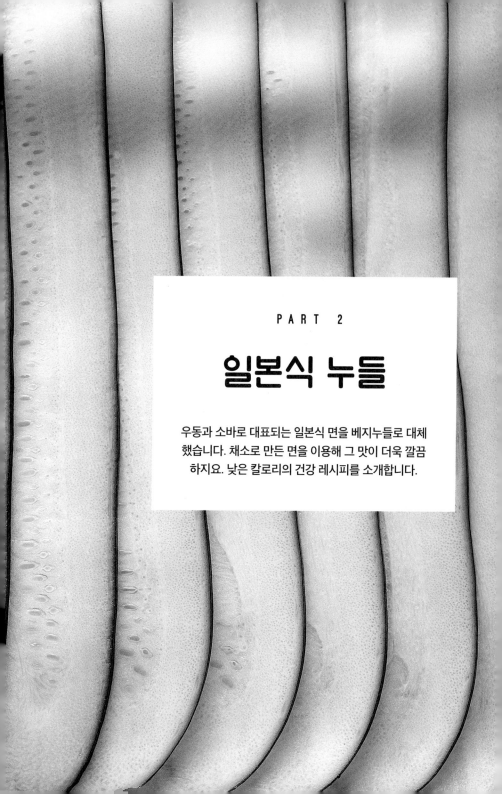

PART 2

일본식 누들

우동과 소바로 대표되는 일본식 면을 베지누들로 대체
했습니다. 채소로 만든 면을 이용해 그 맛이 더욱 깔끔
하지요. 낮은 칼로리의 건강 레시피를 소개합니다.

Burdock & Carrot Shiraae
참깨소스우엉&당근샐러드

뿌리채소 누들에 크리미한 소스를 듬뿍 뿌렸습니다.
부드러움 속에 뿌리채소의 식감이 확실하게 전해져요.

〔 재료 1인분 〕

우엉·당근 —— 75g씩(약 1/2개씩)
○ 전용커터 Ⓐ로 만든 가는 면(P14 참조)

참깨소스
두부 —— 150g(약 1/2모)
참깨 —— 2큰술
유채유 —— 2큰술
사탕수수설탕 —— 1큰술
간장 —— 1작은술

명란젓 —— 50g(약 1/2덩이)

1 전용커터로 가늘게 뽑은 우엉면과 당근면은
아삭하게 데쳐 물기를 제거한다. 두부는 체에 올려
물기를 제거한다.

2 참깨소스를 만든다. 용기에 재료를 모두 넣어
핸드블렌더 또는 푸드프로세서로 부드러워질
때까지 간다.

3 ❶과 ❷, 껍질을 제거한 명란젓을 한데 버무려
접시에 담는다.

Arrange
참깨소스수송나물

참깨소스우엉&당근샐러드 만드는 법에서 ❶의 우엉면과
당근면을 수송나물 2팩(약 140g)으로 바꾼다. 수송나물은
끓는 물에 1분30초 정도 데쳐 찬물에 헹군 뒤 물기를
제거하여 요리한다.

Apple & Chicory Walnut Shiraae
호두참깨소스사과&엔다이브샐러드

불을 사용하지 않고 간편하게 만들 수 있는 요리입니다.
참깨소스는 마요네즈 대용으로 사용하기 좋아요.

〔재료 1인분〕

사과 —— 250g(약 1개)
엔다이브 —— 140g(약 1개)
◯ 껍질을 벗기고 심을 제거한 사과와
　엔다이브를 칼로 채썬다(P14 참조)
구운 호두 —— 50g

참깨소스
두부 —— 150g(약 1/2모)
유채유 —— 2큰술
식초 —— 1큰술
머스터드 —— 1큰술
소금 —— 1/2작은술

1 두부는 체에 올려 물기를 제거한다. 구운 호두는
손으로 부순다.

2 참깨소스를 만든다. 용기에 참깨소스 재료를 모두
넣고 핸드블렌더 또는 푸드프로세서로 부드러워질
때까지 간다(사진).

3 채썰어 준비한 사과면과 엔다이브면, 호두, **②**를
버무려 접시에 담는다.

Memo

아삭한 식감과 쌉쌀한 맛을 가진 엔다이브는 테두리가 노
란색과 적자주색 두 종류가 있다. 식이섬유가 풍부해 장
속의 노폐물은 물론 발암물질이나 콜레스테롤의 배출을
돕는다.

Dashi Noodles
끈끈면

참마와 오크라로 끈끈한 식감을 업그레이드 했습니다.
마에 양념이 잘 배도록 버무려주세요.

[재료 1인분]

참마 —— 150g(약 10cm)
○ 전용커터 ®로 만든 면(P14 참조)
오이 —— 30g(약 1/3개)
가지 —— 40g(약 1/2개)
양하 —— 1/2개
오크라 —— 1개
간장 —— 1과1/2큰술
식초 —— 2작은술

1 오이, 가지, 양하는 다진다. 오크라는 살짝 데쳐
  동그랗게 썬다.

2 볼에 ❶과 간장, 식초를 넣어 골고루 섞는다.

3 접시에 전용커터로 뽑은 참마면을 담고 ❷를
  올린다.

Cucumber Noodles Zaru Soba
오이면자루소바

오이면 속에 차조기를 숨겨 깊은 풍미를 줍니다.
본래의 소바보다 식감이 좋고 포만감이 느껴져요.

〔 재료 1인분 〕

오이 —— 150g(약 1과1/2개)
○ 전용커터 ⓐ로 만든 가는 면(P14 참조)
차조기 —— 2장
간 생강 —— 1작은술

참깨양념
참깨 페이스트 —— 2큰술
간 참깨 —— 1큰술
츠유(3배 농축) —— 2큰술
사탕수수설탕 —— 1작은술
물 —— 60ml

1 차조기는 채썬다. 전용커터로 뽑은 오이면은
   얼음물에 담가 아삭하게 만든 후 체에 올려 물기를
   뺀 뒤 차조기와 합친다.

2 볼에 참깨양념 재료를 넣고 섞는다.

3 각기 다른 접시에 ❶과 ❷를 담고 간 생강을
   곁들인다.

Chinese Yam Miso Soup
일본식된장마국수

일본식 된장의 부드러운 단맛과 마의 걸쭉함이 잘 어울려요.
속까지 뜨끈하게 만들어주는 한 그릇입니다.

〔 재료 1인분 〕

마 ── 150g(약 10cm)
○ 전용커터 Ⓑ로 만든 면(P14 참조)
유부 ── 1/4장(약 15g)
대파 ── 약간
육수(P20 참조) ── 400ml
일본식 된장(미소) ── 100g
국간장 ── 적당량

1 유부는 오븐토스터 또는 팬에서 표면에 살짝 색이
   들도록 구워 1cm 폭으로 자른다. 대파는 어슷썬다.

2 작은 냄비에 육수와 일본식 된장을 넣고 거품기로
   푼 뒤 구운 유부를 넣고 끓인다. 맛을 보고
   싱거우면 국간장으로 간한다.

3 그릇에 전용커터로 뽑은 마면을 담고 ❷를 부은 후
   대파를 올린다.

Radish Udon

무우동

갓 만들었을 때의 무의 식감을 제대로 즐겨보세요.
차게 먹으면 맛이 더욱 좋습니다.

〔 재료 1인분 〕

무 ── 150g(약 15~20cm)
○ 전용커터 ⑧로 만든 면(P14 참조)
육수(P20 참조) ── 350ml
맛술 ── 1큰술
국간장 ── 1큰술
소금 ── 한꼬집
매실절임(우메보시) ── 1개
실다시마 ── 적당량

1 전용커터로 뽑은 무면은 살짝 데쳐 물기를
 제거한다.

2 냄비에 육수를 넣고 끓이다가 끓기 시작하면 맛술,
 국간장, 소금, 무면을 넣어 1분 정도 더 끓인다.

3 그릇에 담고 매실절임(우메보시)과 실다시마를
 올린다.

Carrot Noodles with Tofu Starchy Sauce
두부양념당근국수

Potato Noodles with Mushroom Starchy Sauce
버섯양념감자국수

Onion Noodles with Starchy Shrimp Sauce
새우양념양파국수

Carrot Noodles with Tofu Starchy Sauce

두부양념당근국수

두부를 듬뿍 넣어 만든 양념이 특별합니다.
살짝 볶은 당근의 식감과 잘 어울려요.

〔 재료 1인분 〕

당근 —— 150g(약 1개)
◌ 전용커터 Ⓐ로 만든 가는 면(P14 참조)
참기름 —— 1작은술
두부 —— 150g(약 1/2모)
명란 —— 20g(약 1/5덩이)

두부양념

육수(P20 참조) —— 250ml
맛술 —— 1큰술
국간장 —— 1큰술
녹말가루 —— 2작은술

1 두부는 손으로 큼지막하게 잘라 체에 올려
   물기를 제거한다(사진). 명란은 껍질을 벗기고
   푼다. 참기름을 둘러 달군 팬에 전용커터로 뽑은
   당근면을 넣어 1분 정도 볶는다.

2 두부양념을 만든다. 작은 냄비에 육수, 맛술,
   국간장을 넣어 섞은 다음 그중 90ml는 따로 떠서
   녹말가루를 푼다.

3 ❷의 냄비에 두부를 넣고 끓인다. 끓어오르면
   따로 풀어놓은 녹말물을 넣고 나무주걱으로
   걸쭉해지도록 젓는다. 불을 끄고 명란을 넣어 남은
   열로 익힌다.

4 그릇에 당근면을 담고 ❸을 얹는다.

Memo

당근에는 비타민A가 풍부하게 함유되어 있다. 기름요리의
흡수를 돕고 목과 코 점막을 보호해 세균으로부터 면역력을
높여준다.

Potato Noodles with Mushroom Starchy Sauce
버섯양념감자국수

바삭한 감자와 걸쭉한 양념의 조합이 절묘합니다. 양념으로 부드러워진
감자면이 색다른 맛을 내요. 자색감자가 없다면 감자의 양을 150g으로 늘려주세요.

〔재료 1인분〕

감자·자색감자 —— 75g씩(약 1/2개씩)
○ 전용커터 ⑧로 만든 면(P14 참조)
튀김유 —— 적당량

버섯양념

표고버섯 —— 2개
만가닥버섯 —— 50g
잎새버섯 —— 50g
육수(P20 참조) —— 250ml
맛술 —— 1큰술
간장 —— 1큰술
녹말가루 —— 2작은술

1 전용커터로 뽑은 감자면은 170℃로 달군 튀김유에
바삭해지도록 3~4분 튀긴다(사진). 표고버섯과
만가닥버섯은 밑동을 자르고 먹기 좋은 크기로
자른다. 잎새버섯은 손으로 가른다.

2 버섯양념을 만든다. 작은 냄비에 육수, 맛술,
간장을 넣어 섞은 다음 그중 90ml는 따로 떠서
녹말가루를 푼다.

3 ❷의 냄비에 표고버섯, 만가닥버섯, 잎새버섯을
넣어 3분 정도 끓여 익힌다. 따로 풀어놓은
녹말물을 넣고 걸쭉해질 때까지 나무주걱으로
저으면서 끓인다.

4 그릇에 튀긴 감자면을 담고 ❸을 얹는다.

Memo

자색감자는 속이 선명한 자주색을 가진 감자이다. 가열해도
색이 변하지 않아 요리에 색을 더할 때 제격이다. 삶으면 감
자와 고구마의 중간 식감을 가지는데 가열해도 비타민C가
파괴되지 않는다.

Onion Noodles with Starchy Shrimp Sauce

새우양념양파국수

양파가 튀김냄비 가장자리에 붙지 않도록 튀기는 것이 비법입니다.
타지 않게 튀긴 양파의 고소함이 매우 맛있어요.

〔재료 1인분〕

양파 —— 150g(약 3/4개)
◯ 슬라이서로 양파결과 수직이 되도록
　슬라이스한 면(P16 참조)
밀가루 —— 2큰술
튀김유 —— 적당량

새우양념
새우살 —— 50g(4~5마리)
육수(P20 참조) —— 250ml
맛술 —— 1큰술
국간장 —— 1큰술
청주 —— 2큰술
녹말가루 —— 2작은술
생강즙 —— 1작은술

1 수직으로 슬라이스한 양파면은 키친타월로
물기를 닦아낸 후 밀가루를 묻힌다. 170℃로 달군
튀김유에 바삭해지도록 5분 정도 튀긴다. 새우살은
작게 자른다.

2 볼에 육수, 맛술, 국간장을 섞은 다음 그중 90ml을
떠서 녹말가루를 푼다.

3 새우양념을 만든다. 작은 냄비에 청주와 **①**의
새우살을 넣고 가열한다(사진). **②**에서 합쳐놓은
육수와 생강즙을 넣고 끓인다. 따로 풀어놓은
녹말물을 넣어 걸쭉해지도록 나무주걱으로
저으면서 끓인다.

4 그릇에 **①**의 튀긴 양파면을 담고 **③**을 얹는다.

Memo

양파를 자르면 황화알릴이라는 성분이 나와 눈과 코를 자극
해 눈물이 나는데, 이 성분이 혈액을 맑게 해준다. 콜레스테
롤 대사를 촉진시키거나 피로회복에도 효과가 있다.

채소 껍질과 심으로 채소육수를 만들기

베지누들을 만들 때 나오는 채소 껍질과 심을 버리지
않고 활용해보자. 양손에 올릴 정도의 양이 모아지면
냄비에 넣고 물을 자작하게 부어 20분 정도 약한 불에
서 뭉근하게 끓여준다. 체에 내리면 채소의 부드러운
풍미와 미네랄과 파이토케미컬이 풍부한 채소육수를
만들 수 있다. 그대로 스프를 만들거나 카레에 넣으면
한결 맛이 달라진다. 유기농채소나 저농약채소로 만들
면 안심하고 사용할 수 있다.

Vegetable Noodles Shabu Shabu
채소국수샤브샤브

알록달록한 채소를 맘껏 먹을 수 있는 샤브샤브입니다.
얇게 썰어 넣으므로 채소는 살짝만 익혀 드세요.
노란색 당근이 없다면 주황색 당근으로 대체하세요.

〔 재료 1인분 〕

노란색 당근·무·우엉
—— 50g(약 1/3개·약 1/2개·약 1/3개)
◯ 필러로 만든 면(P15 참조)
홍순무 —— 50g(약 1/2개)
◯ 전용커터 ◎로 만든 면(P15 참조)
샤브샤브용 소고기 —— 100g
육수용 다시마 —— 1장(사방 5cm 크기)
시판 폰즈간장·참깨양념
—— 적당량씩

1 냄비에 물 1리터와 육수용 다시마를 넣고 중간
불로 끓이다가 끓기 직전에 다시마를 건져낸다.

2 끓으면 필러와 전용커터로 면으로 뽑은 채소면과
소고기를 살짝 담갔다 빼 폰즈간장과 참깨소스에
찍어 먹는다.

Memo

홍순무는 겉은 선명한 붉은색이며 속은 흰색인 채소
이다. 붉은색 성분은 안토시아닌을 포함하는데, 항산
화작용으로 안티에이징 효과를 기대할 수 있다.

Green Papaya Chanpuru
그린파파야참푸르

그린파파야를 너무 많이 볶지 않는 것이 포인트입니다.
채소의 아삭한 식감을 살려주세요.

〔 재료 1인분 〕

그린파파야 —— 150g(약 1/2마디)
◯ 강판으로 채썬 면(P16 참조)
스팸 —— 40g(약 1/8개)
당근 —— 20g(약 2cm)
양파 —— 30g(약 1/6개)
피망 —— 1/2개
달걀 —— 1개
참기름 —— 2작은술
후춧가루 —— 약간
국간장 —— 1작은술
가츠오부시 —— 적당량

1 채썬 그린파파야는 물에 담가 아린 맛을 없애고
체에 올려 물기를 제거한다. 스팸과 당근은 먹기
좋은 크기로 길게 네모썰고, 양파는 결대로 얇게
자른다. 피망은 씨와 꼭지를 제거하여 채썰고,
달걀은 소금(분량 외)을 약간 넣어 푼다.

2 참기름을 둘러 달군 팬에 스팸, 당근, 양파 순으로
넣어 볶은 후 팬 한쪽으로 모은다. 빈 공간에
달걀물을 부어 볶는다(사진).

3 달걀이 익으면 피망과 그린파파야면을 넣어 살짝
볶다가 후춧가루를 뿌리고 국간장을 두른다.

4 접시에 담고 가츠오부시를 뿌린다.

Memo

그린파파야를 자를 때는 마처럼 가려움이 유발될 수 있으
므로 주의한다. 그린파파야는 다이어트 식재료로도 알려
져 있으며, 레드와인의 7.5배에 달하는 폴리페놀이 함유되
어 있다.

CHINESS & ETHNIC STYLE

PART 3

중화&에스닉식 누들

중국 면요리나 에스닉 스타일의 누들요리에서 볼 수 있는
중화면, 미분, 퍼 등도 베지누들로 대신할 수 있습니다.
채소면을 볶거나 국물내거나 튀기는 등 다양한 조리법의
특색 있는 베지누들을 맛보세요.

○ 미분: 쌀가루로 만든 넓적한 면을 볶은 면요리.
○ 퍼: 육수에 쌀국수, 고기를 넣은 베트남 요리.

Crispy Potato Noodles
아삭아삭감자샐러드

감자의 아삭한 식감과 감칠맛을 느껴보세요.
쑥갓의 쌉쌀한 맛과 향이 심심한 감자의 맛에 악센트를 줍니다.

〔 재료 1인분 〕

감자 —— 150g(약 1개)
○ 슬라이서로 얇게 자르고
　칼로 채썬 면(P15 참조)
쑥갓 —— 2줄기분
통조림 게살 —— 40g
A │ 피시소스 —— 2작은술
　│ 식초 —— 1작은술
　│ 참기름 —— 2작은술
　│ 참깨 —— 약간

1　채썬 감자는 살짝 데치고 키친타월을 깐 트레이에
　펼쳐 물기를 완전히 제거한다(사진).

2　볼에 Ⓐ를 넣어 섞다가 ❶과 게살을 넣어 전체가
　버무려지도록 섞는다. 쑥갓은 잎만 준비해 넣고
　살짝 버무려 접시에 담는다.

Memo

시중에서 흔히 볼 수 있는 감자는 메이퀸 품종으로 싹의
움푹 파인 정도가 얕고 삶은 후 껍질이 잘 벗겨지는 특징
이 있다. 결이 곱고 잘 으깨지지 않으며, 비타민B군과 비
타민C가 풍부하다.

Vietnamese Style Soupless Noodles

베트남식샐러드누들

Potato Khao Soi
감자카오소이

Vietnamese Style Soupless Noodles
베트남식샐러드누들

산뜻한 맛의 무면에 에스닉풍의 튀김을 올렸습니다.
튀김을 알맞게 부셔 누들에 섞어 드세요.

〔 **재료 1인분** 〕

수박무 —— 200g(약 2/5개)
○ 전용커터 ⑧로 만든 면(P14 참조)
새우살 —— 50g
고수 —— 3줄기
박력분 —— 2작은술
튀김유 —— 적당량
라임 —— 적당량

튀김옷
박력분 —— 20g
베이킹파우더 —— 1/8작은술
물 —— 2큰술

양념
스위트칠리소스 —— 1큰술
시판 피시소스 —— 1큰술
식초 —— 1작은술

1 전용커터로 뽑은 수박무면에 소금(분량 외)을 약간
뿌려 3분 정도 둔 후 수분을 키친타월로 닦는다.
새우살은 듬성듬성 자르고 고수는 1cm 길이로
썬다. 튀김옷과 양념 재료를 각각 합쳐둔다.

2 볼에 새우살, 고수, 박력분을 넣어 전체를 골고루
섞는다. 튀김옷을 조금씩 넣어가며 살짝 버무린다.
3등분하여 180℃로 달군 튀김유에 3분 정도
튀긴다.

3 접시에 수박무면을 담고 ❷를 올린 후 양념을 돌려
붓는다. 먹을 때 골고루 섞고 라임을 짜 뿌린다.

Potato Khao Soi
감자카오소이

카오소이는 태국 북부의 카레누들요리를 말합니다.
바삭한 감자에 국물을 부으면 부드러운 식감이 배가 됩니다.

〔재료 1인분〕

감자 —— 150g(약 1개)
◯ 전용커터 ⑧로 만든 면(P14 참조)
튀김유 —— 적당량
적양파 —— 1/6개
고수 —— 1줄기
다진 닭고기 —— 50g
다진 절인 갓 —— 2큰술
간 마늘 —— 약간
간 생강 —— 약간
카레가루 —— 1작은술
유채유 —— 1/2작은술
A │ 코코넛밀크 200ml
  │ 피시소스 1큰술
  │ 사탕수수설탕 1/2작은술

1 전용커터로 뽑은 감자면은 170℃로 달군 튀김유에
   5분 정도 바삭하게 튀긴다. 적양파는 결대로
   얇게 썬다. 고수는 잎과 줄기를 분리하고 줄기를
   듬성듬성 자른다.

2 냄비에 유채유를 넣어 중간 불로 달구고, 다진
   닭고기를 볶는다. 보슬보슬해지면 간 마늘,
   간 생강, 적양파를 넣어 다시 1분 정도 볶다가
   카레가루를 넣는다(사진). 향이 나면 ⒜와 다진 절인
   갓을 넣어 끓인다.

3 각기 다른 그릇에 튀긴 감자면과 ❷를 담고 고수를
   뿌린다.

Mema

가열하면 포슬포슬한 식감이 나는 남작감자로 만들면 더 맛
있다. 남작감자는 북해도에 감자를 도입한 가와타 다츠요시
남작에서 붙여진 이름이다. 모양이 동그랗고 싹의 움푹 파인
정도가 깊은 것이 특징이다.

Radish Pho
베트남식무국수

Green Papaya & Shijimi Clam Soup
재첩그린파파야국수

베트남식무국수

가리비 통조림 국물을 육수로 만든 쌀국수입니다.
국물을 흡수한 무의 맛이 색달라요.

〔 재료 1인분 〕

무 —— 150g(15~20cm)
○ 전용커터 ⑧로 만든 면(P14 참조)
부추 —— 20g(약 3줄기)
적양파 —— 20g
고수 —— 2줄기
레몬 슬라이스 —— 2장
A | 가리비 통조림
    —— 1캔(130g/고형분 65g)
    물 —— 300ml
    피시소스 —— 1큰술
    후춧가루 —— 약간

1 부추는 3cm 길이로 자른다. 적양파는 결대로 얇게
   자르고 고수는 3cm 길이로 자른다.

2 냄비에 ⑥를 넣고 중간 불로 끓인다. 끓어오르면
   전용커터로 뽑은 무면을 넣어 약한 불로 2분 정도
   끓인다.

3 접시에 ❷를 담고 부추, 적양파, 고수, 레몬
   슬라이스를 올려 장식한다.

Memo

무는 뿌리에 가까울수록 매운 성분이 많으며, 위로 갈수록
매운 맛과 성분이 줄어든다. 이 성분은 칼 등으로 잘랐을
때 생성되므로 샐러드로 만들면 많이 섭취할 수 있다.

Green Papaya & Shijimi Clam Soup
재첩그린파파야국수

재첩으로 시원하게 만든 육수에 대파의 감칠맛을 더했습니다.
국물의 감칠맛과 그린파파야의 아삭한 식감을 즐겨보세요.

〔 재료 1인분 〕

그린파파야 —— 150g(약 1/2개)
◯ 강판으로 만든 면(P16 참조)
대파 —— 5cm
생강 —— 1/2톨
재첩 —— 200g
청주 —— 1큰술
물 —— 400ml
참기름 —— 1큰술
A │ 피시소스 —— 1큰술
　│ 소금 —— 한꼬집
　│ 후춧가루 —— 약간

1 강판에서 뽑은 그린파파야면은 물에 담가 아린
　맛을 제거하고 체에 올려 물기를 제거한다. 대파는
　다지고 생강은 채썬다.

2 냄비에 참기름과 다진 대파를 넣어 약한 불로
　볶는다. 향이 나면 재첩과 청주를 넣어 살짝 볶다
　물을 넣고 중간 불로 끓인다. 중간 중간에 거품을
　걷어낸다.

3 끓으면 Ⓐ로 간을 하고 그린파파야면을 넣어
　끓이다가 불을 끈다.

4 접시에 담고 생강채를 뿌린다.

Chicken Chinese cabbage Ramen
닭고기&참깨배추라면

Chinese cabbage Noodles Chige Nabe
찌개배추국수

Chicken Chinese cabbage Ramen
닭고기&참깨배추라면

보통 부재료로 사용하는 배추 심이 오늘은 주재료로 쓰입니다.
건강한 면이라 여러 번 추가해 먹어도 부담없습니다.

〔 재료 2인분 〕

배추 심 —— 300g(큰 잎 약 2장분)
○ 배추 심만 칼로 굵게 채썬 면(P14 참조)
닭고기(토막/뼈째) —— 600g
소금 —— 2작은술
A│ 생강 —— 1톨
　│ 마늘 —— 1톨
　│ 멸치 —— 10g(5~7마리)
　│ 청주 —— 2큰술
　│ 물 —— 1리터
참깨 —— 2큰술
참기름 —— 2작은술

1 닭고기는 소금으로 문질러 10분간 둔다. 생강과 마늘은 얇게 썬다.

2 냄비에 닭고기와 Ⓐ를 넣고 뚜껑을 덮어 1~2시간 약한 불로 뭉근하게 끓인다. 중간중간 거품을 걷어낸다.
　 ○ 압력솥이 있으면 짧은 시간에 조리가 가능하다. 약한 불로 30분간 가열한 후 압력이 빠질 때까지 기다린다.

3 ❷를 체에 내려(사진) 불순물을 제거한 뒤 국물과 닭고기를 냄비에 다시 담고 가열한다. 끓으면 소금(분량 외)으로 간하고 굵게 채썰어 만든 배추면을 넣어 약한 불로 3분간 끓인다.

4 그릇에 담고 참깨와 참기름을 뿌린다.

Chinese cabbage Noodles Chige Nabe
찌개배추국수

배추면에 국물의 감칠맛이 배어 있어 맛이 더욱 좋습니다.
건더기가 풍성해 식감도 만점입니다.

〔 재료 1인분 〕

배추 심 —— 150g(큰 잎 약 1장분)
○ 배추 심만 칼로 굵게 채썬 면(P14 참조)
부추 —— 3줄기
삼겹살 —— 50g
바지락 —— 100g
청주 —— 1큰술
간 마늘 —— 약간
두반장 —— 1/4~1작은술
물 —— 400ml
된장 —— 2큰술
사탕수수설탕 —— 1/2큰술
참기름 —— 1큰술

1 부추는 3cm 길이로 자르고 삼겹살은 2cm 폭으로
   자른다.

2 냄비에 참기름을 둘러 달구고 중간 불에서 삼겹살을
   볶는다. 노릇해지면 바지락, 청주, 간 마늘을 넣어
   살짝 볶다가 두반장과 물을 넣는다. 끓으면 굵게
   채썰어 만든 배추면과 된장, 사탕수수설탕을 넣어
   3분 정도 약한 불로 끓인다.

3 불을 끄고 그릇에 담은 후 부추를 올린다.

Memo

배추면은 심 부분을 사용하므로 면을 만들고나면 잎 부분
이 남게 된다. 남은 잎은 비닐봉지에 넣고 소금 약간, 다시
마 육수, 고춧가루를 알맞게 넣어 입구를 묶은 뒤 냉장고에
하룻밤 두었다 먹어도 좋다.

Sprout Pad Thai

콩나물팟타이

Sprout Pad Thai
콩나물팟타이

콩나물은 뿌리를 떼면 보기에 좋을 뿐 아니라 식감도 더욱 좋아집니다.
콩나물을 면으로 활용해 요리해보세요.

〔 재료 1인분 〕

콩나물 —— 150g(약 1봉지)
　◎ 식감이 좋아지도록 뿌리를 손으로 뗀 것
부추 —— 3줄기
새우살 —— 30g
간 마늘 —— 약간
달걀 —— 1개
고추기름 또는 유채유 —— 2작은술
마른 새우 —— 1큰술
A │ 피시소스 —— 1작은술
　│ 사탕수수설탕 —— 1/4작은술
　│ 소금 —— 한꼬집
땅콩 —— 5알
고수 —— 1줄기
라임 —— 1/8개

1　부추는 3cm 길이로 자른다. 새우살은 소금(분량 외)
　　약간과 간 마늘로 밑간한다. 달걀은 소금(분량 외)을
　　약간 넣어 푼다. 땅콩은 굵게 다진다.

2　팬에 고추기름을 넣어 달구고 새우살을 볶는다.
　　익기 시작하면 달걀을 넣고 완전히 익도록 볶는다.
　　뿌리를 정리한 콩나물, 부추, 마른 새우를 넣고
　　전체가 섞이도록 볶다가 Ⓐ를 넣어 간을 한다.

3　접시에 담고 굵게 다진 땅콩과 고수, 라임으로
　　장식한다.

Memo

콩나물은 대두나 녹두에서 나는 부드러운 싹이다. 어린 싹
은 콩 자체의 영양소뿐 아니라 발아·성장을 통해 새로운
영양소가 생성된다. 칼슘, 칼륨, 비타민C 등의 영양소가 풍
부하며 저칼로리로 건강식 재료로 훌륭하다.

Cucumber Noodles With Meat Miso
고기된장을 올린 오이누들

오이와 무의 식감 차이를 입안에서 즐기세요.
진한 맛의 고기된장과 버무리면 질리지 않고 맛있게 먹을 수 있습니다.

〔 **재료 1인분** 〕

오이 —— 100g(약 1개)
수박무 —— 50g(약 1/10개)
◯ 전용커터 Ⓐ로 만든 가는 면(P14 참조)
고기된장(P 20 참조) —— 70g
실고추 —— 약간

1 전용커터로 뽑은 오이면과 수박무면을 찬물에
    담가 아삭하게 만들고 키친타월로 물기를 닦는다.

2 그릇에 담고 고기된장을 올린 후 실고추를 뿌린다.

Memo

||||||||||||||||||||||||||||||||||||||||||||||||||||||||||||||||||||||||||||||||||||

90% 이상이 수분으로 구성된 오이는 무더운 여름에 뜨거
운 몸을 식히는데 좋다. 칼륨이 함유되어 부종해소에도 도
움이 되며 지방분해효소도 있어 다이어트에도 효과적이다.

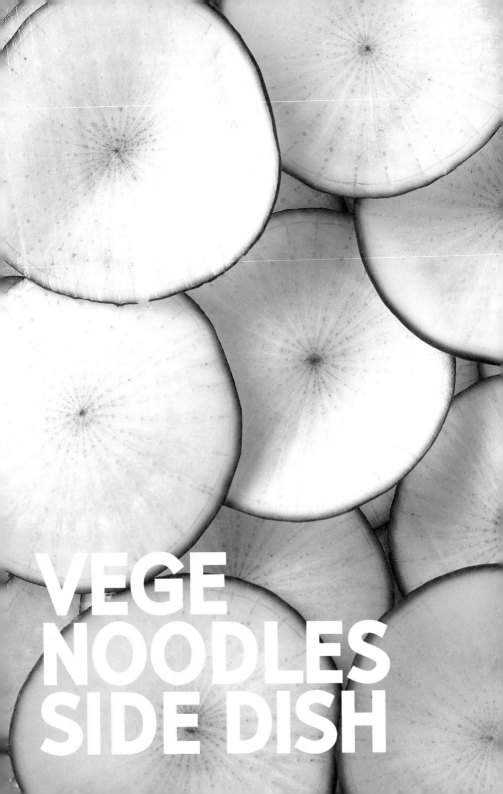

VEGE
NOODLES
SIDE DISH

PART 4

베지누들 반찬

베지누들이 가지는 특징을 살리면 색다른 반찬도
만들 수 있습니다. 채소를 얇게 자르거나 채썰어
사용해 조리시간도 단축되지요. 손님 초대상 메뉴로도
손색없는 레시피를 소개합니다.

Carrot & Mango Salad
당근&망고샐러드

씹을수록 당근 본래의 맛이 나는 샐러드입니다. 망고의 단맛이 악센트 역할을 합니다.
노란색 당근이 없다면 주황색 당근을 100g으로 늘려주세요.

〔 재료 1인분 〕

당근(주황색·노란색) —— 총 100g(약 2/3개씩)
○ 필러로 얇게 자른 면(P15 참조)
말린 망고 —— 20g
A │ 소금 —— 약간
　│ 레몬즙 —— 2작은술
올리브오일 —— 1과1/2큰술
처빌 —— 1줄기분

1 말린 망고는 채썬다.

2 볼에 Ⓐ를 넣어 섞은 후 필러로 얇게 자른
당근면과 말린 망고를 넣어 살짝 버무린다.

3 그릇에 담고 올리브오일을 두른 후 처빌로
장식한다.

Turnip & Apple Salad
순무&사과샐러드

뿌리채소와 과일로 만든 산뜻한 맛의 샐러드입니다.
면 모양으로 만든 홍순무가 드레싱과 잘 버무려져요.

〔 재료 1인분 〕

홍순무 —— 150g(약 1과1/2개)
○ 전용커터 ⑧로 만든 면(P14 참조)
사과 —— 1/2개

프렌치드레싱
화이트와인 비네거 —— 2작은술
머스터드 —— 1작은술
꿀 —— 1/2작은술
올리브오일 —— 1큰술
소금 —— 약간
딜 —— 1줄기분

1 사과를 껍질을 벗겨 심을 제거하고 칼로
채썬다(사진).

2 볼에 프렌치드레싱 재료를 넣고 거품기로 골고루
섞는다.

3 다른 볼에 사과와 전용커터로 뽑은 홍순무면을
담고 ❷를 둘러 살짝 버무린다.

Zucchini Noodles Rolls
주키니롤

모짜렐라치즈의 부드러움과 주키니의 아삭한 맛이 잘 어울려요.
소스가 두 가지 식감을 모두 살려줍니다.

〔 재료 5개분 〕

주키니 —— 50g(약 1/4개)
◯ 슬라이서로 얇게 썬 5장(P16 참조)
모짜렐라치즈 —— 70g
생햄 —— 2~3장
그린허브소스(P20 참조) —— 1큰술
소금 —— 약간

1   접시에 그린허브소스를 깐다.

2   모짜렐라치즈를 5등분이 되도록 손으로 자른다.
    생햄은 5등분해 위에 치즈가 보이도록 넣은 뒤
    돌돌 말아(사진) 슬라이서로 얇게 썬 주키니면으로
    다시 돌돌 만다. 꼬치로 고정시켜 ❶ 위에 올리고
    치즈에 소금을 뿌린다.

Crispy Vegetable Salad
바삭바삭채소면샐러드

바삭하게 튀긴 채소와 아삭한 경수채로 만든 식감 좋은 샐러드입니다.
강렬한 맛의 드레싱이 맛을 돋보이게 해줍니다.

〔 재료 1인분 〕

당근·우엉 —— 50g씩(약 1/3개씩)
○ 칼로 채썬 면(P14 참조)
경수채 —— 100g(약 1/2단)
튀김유 —— 적당량

와사비드레싱
와사비 —— 1/2작은술
간장 —— 2작은술
올리브오일 —— 2작은술
식초 —— 1큰술

1 경수채는 4cm 길이로 자른다. 큰 볼에
와사비드레싱 재료를 넣어 섞는다.

2 칼로 채썰어 만든 당근면과 우엉면은 170℃로 달군
튀김유에서 바삭해지도록 5분 정도 튀긴다.

3 ❶의 드레싱에 ❷와 경수채를 넣고 살짝 버무려
접시에 담는다.

Bouquet Salad Summer Roll
월남쌈부케

컬러풀한 채소로 월남쌈을 만듭니다. 소고기를 데쳐 넣어 영양도 풍부하지요.
땅콩호박이 없다면 노란색 파프리카로 대체해주세요.

〔 재료 4개분 〕

오이·땅콩호박·홍순무
—— 20g씩(약 1/5개·약 1/20개·약 1/5개)
○ 각각 슬라이서로 면 상태를 만들어
  칼로 채썬 것(P15 참조)
소고기(샤브샤브용) —— 40g
청주 —— 1큰술
라이스페이퍼 —— 4장
상추, 양상추 등 —— 총 4장

칠리피시소스
피시소스 —— 1큰술
스위트칠리소스 —— 1작은술
라임즙 —— 1작은술

요구르트소스
플레인 요구르트 —— 2큰술
간 마늘·소금 —— 약간씩
올리브오일 —— 1큰술

참깨간장소스
간장 —— 2작은술
참기름·간 참깨·식초 —— 1작은술씩

1 슬라이서로 면 상태로 만들어 칼로 채썬 오이,
  땅콩호박, 홍순무는 찬물에 담가 아삭하게 만든 후
  체에 올려 물기를 제거한다. 소스는 각각 섞어둔다.

2 냄비에 따뜻한 물 1리터와 청주 1큰술을 넣고
  끓이다 소고기를 넣고 살짝 데쳐 얼음물에 담근다.
  체에 올려 물기를 제거하고 키친타월로 물기를
  닦는다.

3 큰 볼에 따뜻한 물을 담고 라이스페이퍼를
  담갔다 깨끗한 면보 위에 올려 반으로 접는다.
  오이면, 땅콩호박면, 홍순무면, 소고기를 올리고
  크레이프를 말듯이 가장자리에서부터 돌돌 말아
  고깔 모양을 만든 후 다시 상추 등의 잎으로
  감싼다. 취향에 맞는 소스를 찍어 먹는다.

Memo

땅콩호박은 미국산 단호박이다. 표면이 매끈거리고 조롱
박 모양으로 땅콩같은 풍미를 가진다. 섬유질이 적고 끈끈
한 과육이 특징으로 아래 통통한 부분에 씨가 들어 있다.

Potato Spanish Omelette

감자스페니시오믈렛

진한 타임향을 가진 풍부한 식감의 오믈렛입니다.
감자면이 순식간에 익으니 타지 않도록 주의하세요.

〔 재료 직경 15cm의 프라이팬 1개분 〕

감자·자색감자 —— 50g씩(약 1/3개씩)
○ 전용커터 Ⓐ로 만든 가는 면(P14 참조)
달걀 —— 3개
소금 —— 1/4작은술
후춧가루 —— 약간
타임 —— 1줄기분
피자치즈 —— 10g
버터 —— 1큰술

1 달걀을 풀고 소금, 후춧가루, 타임과 피자치즈를
   넣어 골고루 섞는다.

2 팬에 버터를 녹이고 전용커터로 가늘게 뽑은
   감자면과 자색감자면을 넣어 중간 불로 볶는다.
   버터가 전체에 잘 버무려지면 ❶을 넣고 전체가
   부드러워지도록 고무주걱으로 섞는다. 감자가
   투명해질 때까지 가열한다(사진).

3 200℃로 예열한 오븐이나 오븐토스터로 10분간
   굽는다.
   ○ 팬은 오븐에 넣을 수 있는 것을 사용한다. 오븐이
   없다면 만드는 법 ❷에서 감자가 투명해지면 뒤집어
   달걀이 익을 때까지 약한 불에서 5분간 굽는다.

Vegetable Noodles Bagel Sandwich
베지누들베이글샌드

채소를 듬뿍 넣은 베이글샌드입니다.
훈제연어를 얇게 채 썰면 채소와 잘 버무려져 더 맛있게 먹을 수 있어요.

〔 재료 1인분 〕

적양파 —— 20g(약 1/8개)
○ 슬라이서로 동그랗게 썬 것(P16 참조)
오이 —— 30g(약 1/3개)
○ 전용커터 Ⓐ로 만든 가는 면(P14 참고)
훈제연어 —— 30g
딜 —— 1/3줄기분
베이글 —— 1개
크림치즈 —— 30g
올리브오일 —— 1작은술

1 둥글게 슬라이스한 적양파면과 오이면은 각각
찬물에 5분간 담가 아삭하게 만든 후 체에 올려
물기를 뺀다.

2 훈제연어는 가늘고 길게 채썰어 볼에 담고
오이면과 딜을 넣어 합친다.

3 베이글을 반 가른다. 아래쪽 단면에 크림치즈를
바르고 적양파면과 ❷를 올린 후(사진)
올리브오일을 두르고 남은 베이글로 덮는다.

Zucchini & Salmon Tartar
주키니&연어타르타르

부드럽게 만든 주키니를 그릇 모양으로 만들어 그 위에 연어를 올립니다.
손님 초대상에 잘 어울려요.

〔 재료 1인분 〕

주키니 —— 50g(약 1/4개)
○ 슬라이서로 얇게 자른 것(P16 참조)
연어(회용) —— 50g
○ 전용커터 Ⓐ로 만든 가는 면(P14 참조)
A │ 다진 적양파 —— 1큰술
　 │ 올리브오일 —— 1작은술
　 │ 소금·후춧가루 —— 약간씩
딜 —— 1줄기분
레몬 슬라이스 —— 2장
올리브오일 —— 1큰술

1 얇게 슬라이스한 주키니면은 소금(분량 외)을 뿌려
　 숨이 죽을 때까지 3분간 둔다. 수분이 나오면
　 키친타월로 닦는다.

2 연어는 곱게 다져 볼에 담고 Ⓐ를 넣어 골고루
　 버무린다.

3 주키니면을 직경 3cm의 원형으로 말아 접시에
　 담고(사진), 원 안에 ❷를 넣고 딜과 레몬
　 슬라이스로 장식한다. 마지막에 올리브오일을
　 두른다.

Vegetable Terrine
채소테린

나도 모르게 탄성이 나오는 화려한 테린.
채소 각각이 가지는 식감을 제대로 즐길 수 있습니다.

〔 재료 6×20×높이 8cm 파운드틀 1개분 〕

적채·양배추 —— 180g씩(약 1/4개·약 1/6개)
◎ 칼로 채썬 것(P14 참조)
파프리카(빨간색·노란색) —— 3개씩
해초 —— 140g(약 7개)
아스파라거스 —— 80g(약 1개)
A ┃ 치킨스톡 —— 600ml
　　◎ 과립 치킨스톡 2큰술을 따뜻한 물
　　600ml에 녹인다.
　　아가 —— 30g
　　◎ 없다면 한천이나 젤라틴 사용
앤초비소스(P20 참조) —— 적당량

1　채썬 적채와 양배추는 각각 소금(분량 외)을 약간
　뿌려 버무린 후 새어나오는 수분을 제거한다.

2　파프리카는 철망에 올려 표면이 탈 때까지 구운 후
　흐르는 물로 식히면서 껍질을 벗긴다. 세로로 반
　잘라 꼭지와 씨를 제거하고 세로로 채썬다.

3　해초는 살짝 데쳐 체에 올려 물기를 제거한다.
　아스파라거스도 데쳐 세로로 가늘고 길게 자른다.

4　파운드틀에 오븐시트를 깔고 적채, 파프리카,
　아스파라거스, 해초, 양배추 순으로 담는다(사진).

5　냄비에 Ⓐ를 섞어 넣고 끓기 직전까지 가열하여
　불에서 내린다. 식으면 ❹에 부어 냉장고에서
　6시간 정도 식혀 굳힌다.

6　틀에서 꺼내 자른다. 접시에 담고 앤초비소스를
　곁들인다.

Memo

아가는 젤라틴이나 한천처럼 재료 굳히기에 사용하는데
젤라틴과 한천 중간 정도의 식감을 가진다. 60℃ 미만의
상온에서 잘 녹지 않고 투명도가 좋아 재료의 색을 잘 살
려준다.

Green Onion Korean Pancake
대파부침개

Burdock Balsamic Stir Fry
발사믹우엉볶음

Green Onion Korean Pancake
대파부침개

대파, 오징어, 반죽이 만들어내는 고소함의 3중주에 빠져듭니다.
기름을 넉넉히 두르고 바삭하게 굽는 것이 포인트입니다.

〔 재료 1인분 〕

대파 —— 50g(1~2대)
◯ 칼로 10cm 길이로 채썬 것(P14 참조)
오징어채(회용) —— 50g
참기름 —— 3큰술

반죽
박력분 —— 100g
달걀 —— 1개
물 —— 120ml

양념
식초 —— 2작은술
간장 —— 2작은술

1 반죽과 양념은 각각 재료를 합쳐둔다.

2 볼에 10cm 길이로 채썬 대파와 오징어, 반죽을
넣어 고무주걱으로 섞는다(사진). 팬에 참기름을
둘러 달군 후 반죽을 부어 한쪽 면이 노릇하게
구워지면 뒤집고 다른 한쪽 면도 굽는다.

3 먹기 좋은 크기로 잘라 접시에 담고, 양념을
곁들인다.

Memo

대파 잎 안쪽의 끈적임은 서리가 내릴 때 많이 생기는데
이때 단맛도 증가된다. 비타민과 미네랄이 풍부해 베지누
들로 즐기기 좋다.

Burdock Balsamic Stir-Fry

발사믹우엉볶음

우엉향에 졸인 발사믹식초의 단맛이 더해집니다.
씹으면 씹을수록 감칠맛이 느껴져요.

〔 재료 1인분 〕

우엉 —— 150g(약 1개)
○ 10cm의 길이로 자른 후 슬라이스로
　얇게 자른 것(P15 참조)
베이컨 —— 50g(약 2장)
홍고추 슬라이스 —— 약간
올리브오일 —— 1작은술
발사믹식초 —— 2큰술
소금 —— 1/4작은술
굵은 후춧가루 —— 약간

1　베이컨은 1cm 폭으로 자른다.

2　팬에 홍고추, 올리브오일, 베이컨을 넣어 중간
　불로 볶다가 베이컨이 바삭해지면 슬라이스로
　얇게 잘라 만든 우엉면을 넣어 3분 정도 볶는다.
　발사믹식초와 소금을 넣고 수분이 없을 때까지
　졸인다.

3　접시에 담고 굵은 검은 후춧가루를 뿌린다.

Memo

섬유질과 폴리페놀 함유량이 높은 우엉은 뛰어난 디톡스
효과로 부종해소에 도움을 준다. 아린 맛이 있을 수 있으
므로 물에 담갔다가 사용한다.

Bonito Carpaccio
가다랑어카르파치오

Cucumber & Conger Plate
오이&붕장어플레이트

Bonito Carpaccio
가다랑어카르파치오

수박무의 붉은색이 돋보이는 요리.
가다랑어 대신 참치회나 방어를 사용해도 좋습니다.

〔 재료 1인분 〕

수박무 —— 50g(약 1/10개)
○ 필러로 얇게 자른 것(P15 참조)
적무순 —— 1/2팩
가다랑어 다타키 —— 70g
소금 —— 약간

드레싱

레드와인 비네거 —— 2작은술
간장 —— 1큰술
머스터드 —— 1/2작은술
올리브오일 —— 2큰술

1 가다랑어 다타키는 얇게 잘라 접시에 나란히 담은
후 소금을 뿌린다. 드레싱 재료를 합친다.

2 가다랑어 다타키 위에 필러로 얇게 만든
수박무면을 풍성하게 담고(사진) 전체에 적무순을
올린 후 드레싱을 뿌린다.

Cucumber & Conger Plate
오이&붕장어플레이트

김초밥에서 볼 수 있는 친숙한 조합의 요리입니다.
접시를 캔버스로 삼아 멋지게 담아보세요.

〔 재료 1인분 〕

오이 —— 50g(약 1/2개)
○ 필러로 얇게 자른 것(P15 참조)
수박무 슬라이스 —— 3장
○ 슬라이서로 동그랗게 썬 것(P16 참조)
손질한 붕장어 —— 1마리
산초가루 —— 적당량

조림국물
물 —— 250ml
청주 —— 2큰술
사탕수수설탕 —— 2큰술
간장 —— 2큰술

1 붕장어는 양면에 뜨거운 물을 붓고 물로 씻어 점액질을 제거한다. 냄비에 넣을 수 있는 길이로 자른다.

2 냄비에 조림국물 재료를 넣고 끓이다가 끓어오르면 ❶을 넣어 뚜껑을 덮는다. 약한 불로 15분 정도 조림국물이 걸쭉해질 때까지 졸인다.

3 붕장어를 꺼내고 먹기 좋은 크기로 잘라 접시에 담는다. 필러로 자른 오이면은 리본 모양으로 담고(왼쪽 사진), 동글게 썬 수박무면은 소금(분량 외) 약간을 뿌려 1분 정도 두어 부드럽게 만든 후 크레이프처럼(오른쪽 사진) 말아 오이면 사이에 담는다.

3 ❸의 붕장어에 위에 ❷를 얹고 산초가루를 뿌린다. 오이면으로 붕장어로 감싸 먹는다.

Mema

시판 졸임 붕장어나 구이용을 사용하면 간단하게 만들 수 있다. 시판 제품을 사용할 경우에는 동봉된 양념을 물에 풀어 걸쭉해질 때까지 졸여 사용한다.

Colorful Taco
컬러풀타코

채썬 풍성한 채소가 맛의 비법입니다. 슬라이서와 채썰기를 병용해 같은 두께로 만들어야
보기에도 좋아요. 적당근이 없다면 쉽게 구입할 수 있는 주황색 당근을 사용하세요.

〔 재료 4개분 〕

오이·적당근 —— 30g씩(약 1/3개·약 1/5개)
◌ 슬라이서로 얇게 자르고 칼로 채썬 것(P15 참조)
래디쉬 —— 60g(3~5개)
◌ 슬라이서로 얇게 자르고 칼로 채썬 것(P15 참조)

타코믹스
돼지고기 다짐육 —— 150g
다진 양파 —— 100g(약 1/2개분)
다진 마늘 —— 1/2톨분
올리브오일 —— 1작은술
소금 —— 1/2작은술
칠리파우더 —— 2작은술
토마토퓨레 —— 2작은술

아보카도 —— 1/2개
레몬즙 —— 1/2작은술
토르티야 —— 4장
◌ 여기서는 단단한 하드 타입을 사용한다.
　부드러운 소프트 타입으로 만들 수 있다.
피자치즈 —— 20g
시판 살사소스 —— 적당량

1 얇고 길게 채썬 오이, 적당근, 래디쉬는
찬물에 담가 아삭하게 만든 후 체에 올려
물기를 제거한다.

2 타코믹스를 만든다. 팬에 올리보오일과
다진 마늘을 넣어 약한 불로 볶다 마늘
향이 나면 다진 양파를 넣고 투명해질
때까지 볶는다. 돼지고기 다짐육을 넣어
중간 불로 볶다가 고기가 익기 시작하면
소금과 칠리파우더를 넣고 1분 정도
볶는다. 토마토퓨레를 넣고 골고루
섞으면서 2분 정도 더 볶는다.

3 아보카도는 껍질과 씨를 제거해 볼에 담고
레몬즙을 넣어 포크로 으깨면서 섞는다.

4 토르티야에 **2**와 피자치즈, **1**을 순서대로
올려(아래쪽 사진) 접시에 담고 **3**과
살사소스를 곁들인다.

Memo

흔히 시장에서 볼 수 있는 주황색 당근 외에도 가늘고 긴
모양의 노란색 당근, 안토시아닌이라는 색소를 포함한 적
당근 등이 있다.

Sweet Potato Galette
고구마갈레트

Sweet Potato Galette

고구마갈레트

버터로 바삭하게 구운 고구마의 식감을 즐겨보세요. 와인 안주로, 디저트로 잘 어울립니다.
자색고구마가 없다면 고구마를 100g으로 늘려주세요.

〔 재료 4개분 〕

고구마·자색고구마
　　— 50g씩(약 1/3개씩)
○ 각각 전용커터 ⑧로 만든 면(P14 참조)
박력분 — 2작은술
건포도 — 5g
럼주 — 1작은술
크림치즈 — 30g
슈거파우더 — 5g
버터 — 20g
시나몬파우더 — 적당량

1 볼에 건포도와 럼주를 넣고 손으로 가볍게
버무린다. 크림치즈와 슈거파우더를 넣고
고무주걱으로 골고루 섞는다.

2 전용커터로 뽑은 고구마면과 자색고구마면은 물에
5분 정도 담근 후, 체에 올려 물기를 제거한다.
키친타월로 물기를 완전히 닦은 후 볼에 담고
박력분을 뿌려 살짝 버무린다.

3 팬에 버터를 넣고 약한 불로 녹인 후 ❷를 1/4
분량씩 동그랗게 올려(사진) 3분 정도 굽는다.
뒤집어 3분 정도 굽는다.

4 접시에 가지런히 담고 위에 ❶을 얹은 후
시나몬파우더를 뿌린다.

Colorful Inari
알록달록유부초밥

밥과 베지누들의 콜라보입니다.
소박한 유부초밥을 채소의 화려한 색으로 업그레이드하세요.

〔 **재료 8개분** 〕

당근·오이 —— 50g씩(약 1/3개·약 1/2개)
○ 슬라이서로 얇게 잘라 칼로 채썬 것 (P15 참조)

유부피
유부 —— 4장
육수(P20 참조) —— 300ml
사탕수수설탕 —— 1큰술
간장 —— 2큰술
맛술 —— 1큰술

따뜻한 밥 —— 320g
고기된장(P20 참조) —— 50g
무순 —— 약간

1 유부피를 만든다. 유부는 2등분하여 살짝 데친 후 기름기를 뺀다. 냄비에 육수와 유부를 넣고 가열하다가 끓기 시작하면 나머지 재료를 넣고 뚜껑을 덮어 30분 정도 약한 불에서 졸인다. 그대로 식혀 남은 열을 제거한다.

2 밥에 고기된장을 넣고 섞어 8등분해 가볍게 쥐어 유부피 안에 넣는다.

3 얇게 잘라 채썰어 만든 오이면과 당근면은 찬물에 담가 아삭하게 만든 후 체에 올려 물기를 제거한다. ❷의 절반은 오이면과 무순을, 나머지는 당근면을 올려낸다.

Index

베지누들 메뉴판

〔 감자면 〕
25 감자나폴리탄
31 감자페페론치노
46 바지락&대구국물파스타
61 버섯양념감자국수
72 아삭아삭감자샐러드
75 감자카오소이
98 감자스페니시오믈렛

〔 고구마면 〕
118 고구마갈레트

〔 국수호박면 〕
47 국수호박국물파스타

〔 그린파파야면 〕
68 그린파파야참푸르
79 재첩그린파파야국수

〔 당근면 〕
24 당근나폴리탄
26 연어크림소스당근파스타
28 당근&오렌지냉채
61 두부양념당근국수
92 당근&망고샐러드
+우엉면 95 바삭바삭채소면샐러드
+오이면 119 알록달록유부초밥

〔 대파면 〕
106 대파부침개

〔 마면 〕
56 끈끈면
58 일본식된장마국수

〔 무&수박무&홍순무면 〕
41 무&가라스미냉채
59 무우동
74 베트남식샐러드누들
78 베트남식무국수
93 순무&사과샐러드
110 가다랑어카르파치오

〔 배추면 〕
82 닭고기&참깨배추라면
83 찌개배추국수

〔 사과&엔다이브면 〕
54 호두참깨소스사과&엔다이브샐러드

〔 새송이버섯면 〕
30 새송이버섯페페론치노
32 새송이버섯라자냐

〔 샐러리면 〕
39 샐러리아라비아따

〔 우엉면 〕
38 우엉아라비아따
107 발사믹우엉볶음
+당근면 52 참깨소스우엉&당근샐러드

〔 적채&양배추면 〕
104 채소테린

〔 주키니면 〕
40 주키니허브파스타
94 주키니롤
102 주키니&연어타르타르

〔 콜리플라워면 〕
48 콜리플라워리소토

〔 콩나물면 〕
86 콩나물팟타이

〔 믹스면 – 3가지 이상 〕
66 채소국수샤브샤브
96 월남쌈부케
114 컬러풀타코

〔 수송나물면 〕
53 참깨소스수송나물

〔 아스파라거스면 〕
27 연어크림소스아스파라거스파스타
34 아스파라거스카르보나라
35 버섯크림소스아스파라거스파스타

〔 양파면 〕
61 새우양념양파국수

〔 연근면 〕
44 앤초비소스연근뇨끼
45 그린허브소스연근뇨끼

〔 오이면 〕
57 오이면자루소바
87 고기된장을 올린 오이누들
+적양파면 100 베지누들베이글샌드
+수박무면 111 오이&붕장어플레이트

VEGETABLE
NOODLES

한 달 -5kg! 맛있는 채소 다이어트

한입에 베지누들

2019년 4월 25일 1쇄 발행

무라야마 유키코
옮긴이   용동희
펴낸이   문영애
디자인   에이트볼 스튜디오
펴낸곳   경기 용인시 수지구 고기로89
이메일   suzakbook@naver.com
          blog.naver.com/suzakbook
          www.instagram.com/suzakbook

ISBN 9788969930231 14590

VEGE NOODLES
ⓒ YUKIKO MURAYAMA 2017
Originally published in Japan in 2017 by Shufu To Seikatsu Sha Co., Ltd., Tokyo,
Korean translation rights arranged with Shufu To Seikatsu Sha Co., Ltd., Tokyo,
through Tohan Corporation, Tokyo, and EntersKorea Co.,Ltd., Seoul.